MUSEUM DESIGN PLAN

Table of Contents

대지조사

01. 대지조사

설계 프로젝트를 진행할 때, 건축물이 지어질 대지를 찾는 것으로 시작한다. 대지는 주어진 용도의 건축물과 어울리는 곳을 선택해야 하며, 대지 조사 과정에서 해당 대지를 선택한 이유와 장단점을 파악하고, 전체적인 대지의 특징을 이해해야 한다. 여러 대지를 비교하여 판단할 때는 일사, 조망, 소음, 주변 인프라, 도로, 축 등 6가지 요소를 고려하여 최적의 대지를 선정한다.

#예시안_대지분석

Site analysis

대지분석

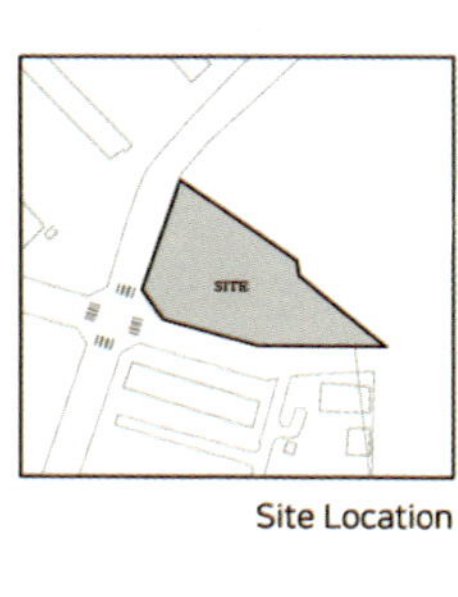

Site Location

Building

A Counter

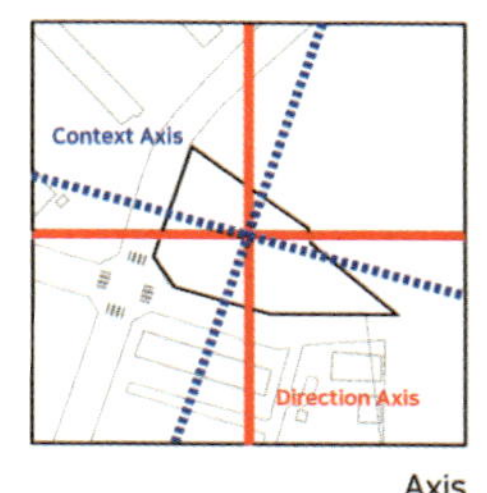

Axis

Noise

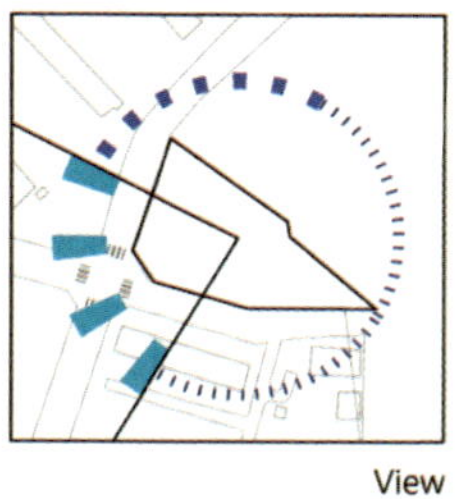

View

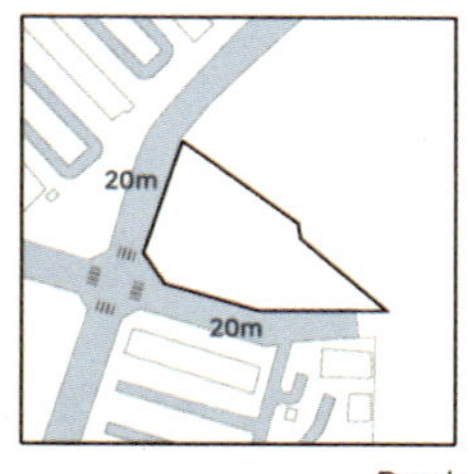

Road

Accessibility

#TIP

–

01. 대지조사

대지 선정이 완료되면, 해당 대지에 대한 조사를 진행한다. 이 과정에서 대지의 용도, 건폐율, 용적률 등을 확인한다. 또한, 대지를 선택한 이유를 정리하여 명확히 해야 한다.

대지를 조사한 후, 직접 현장을 방문하여 대지와 대지주변 사진을 촬영한다. 촬영할 때 유의해야 할 점은 대지 내부에서 외부를 바라보며 동, 서, 남, 북 각 방향으로 사진을 찍고, 대지 외부에서 내부를 바라보는 사진도 함께 촬영하여 이후 계획에서

대지를 직접 방문하여 주변 환경을 조사하고, 그 점들을 고려하여 설계 프로젝트를 진행해야 한다.

#예시안_대지분석

Site analysis

대지분석

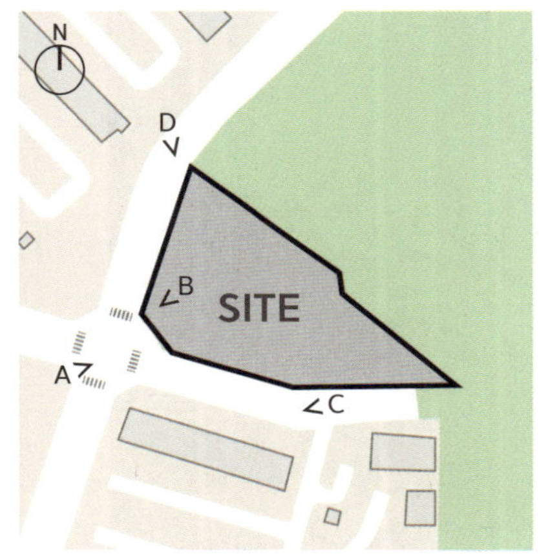

대지 개요

용도 : 1종 일반 주거지역, 제 1종 지구단위계획구역
면적 : 3,903m^2
건폐율 : 60%
용적률 : 200%
행위가능여부 : 미술관, 박물관 가능

대지 선정 이유

- 인근에 버스정류장이 다수 위치해 있어 접근성이 좋음.
- 인근에 위치한 문화시설들이 과포화 상태로 추가 문화시설의 필요성이 확인됨.
- 인구밀집시설들과 근접하여 있어 이용자가 확보됨.

대지 동쪽으로 산이 둘러 쌓여 있고 주변으로 아파트가 밀집되어 있어 경관이 좋지 않지만, 영화관, 시립도서관, 중고등학교 등 인구밀집시설이 근접해 있으며 인근에 문화시설들이 포화상태로 필요성이 확인됨.

01. 대지조사

#예시안_대지 주변시설

Surrounding

대지 주변분석

문화시설 -- 1 Km 내 1 개 / 1 Km 외 17 개

영화관, 극장, 박물관

학교 -- 1 Km 내 1 개 / 1 Km 외 89 개

초등학교, 중학교, 고등학교, 대학교

편의시설 -- 1 Km 내 다수 / 1 Km 외 다수

마트, 편의점, 음식점, 카페

교통 -- 1 Km 내 21 개 / 1 Km 외 다수

버스 정류장, 터미널 톨게이트, 기차역

MEMO

타겟 및 프로그램 선정

02. 타겟 및 프로그램 선정

타겟 및 프로그램 선정 단계에서 가장 우선시 되어야 할 과정은 대상지의 배경과 환경을 면밀히 파악하는 것이다. 대상지가 속한 지역의 역사적·문화적 맥락을 폭넓게 이해하고, 인구 분포와 문화시설 현황을 분석해야 한다. 이를 통해 해당 지역에 어떤 프로그램이 필요한지, 어떤 대상을 주요 타겟으로 삼아야 하는지를 고려할 수 있다.

타겟 및 프로그램 설정 시 추가로 고려해야 할 사항은 다음과 같다.

첫째, 잠재적 방문객의 연령, 관심사, 요구사항 등을 면밀히 분석하여 타겟 관람객을 구체적으로 설정해야 한다.

둘째, 대상지 내 유사한 문화시설의 운영 현황과 프로그램을 조사하여 차별화된 전략을 수립해야 한다. 관람객의 흥미를 끌 수 있는 새로운 콘텐츠와 프로그램을 고안해야 한다.

#예시안_대상지 배경 및 환경 파악

Background

대상지의 배경 및 환경 파악

젊은 층의 유입, 교통체증으로 인해 이동이 불편하며, 문화생활을 즐기기 어려움

1

고령화
대상지 인구 중 40대 이상이 55%
전체 인구는 증가
평균 연령 44.3세로 같이 증가

2

교통체증
대상지 내 차량 보유자 다수 확인
도로의 수가 적어 차량이 몰림
이로 인한 시간지체 및 이동제한

3

문화시설
다양한 문화, 여가시설 부족
젊은 층 삶의 만족도 저하

#TIP

지역사회와의 연계를 통해 지역 문화와 역사를 발굴하고 공유할 수 있는 프로그램을 고려하여 다각도의 접근을 통해 대상지의 특성을 반영하고 관람객의 요구를 충족시킬 수 있는 박물관 프로그램을 설정할 수 있을 것이다.

02. 타겟 및 프로그램 선정

이후 대상지의 배경과 환경 파악 내용을 바탕으로 기대효과를 설정하고 타겟 및 프로그램을 선정한다.

#예시안_타겟선정

Subject

타겟 및 프로그램 선정

젊은 층의 유입, 교통체증으로 인해 이동이 불편하며, 문화생활을 즐기기 어려움	오래전부터 역사가 있으며, 외부에서 접근하기 쉬움

모두가 문화생활을 함께 할 수 있는 곳
외부지역에서도 쉽게 접근할 수 있는 곳
지역 시민들이 자부심을 느낄 수 있는 곳

외부지역	외부지역
"거리가 가까워서 좋아요"	"젊은 연령층이 즐길 수 있는 문화시설"
● 새롭고 가치 있는 문화시설 필요 ● 수도권과도 가까운 거리, 시간 확보 필요	● 시민으로써 지역에 대한 역사 이해 필요 ● 더욱 다양한 문화시설 필요 ● 시각화 자료를 통해 연령층 확대

' 랜드마크 역할 '

외부지역 관광객들이 모이게 되면서, 원주를 상징하는 새로운 랜드마크

복합문화센터

남녀노소 모두가 즐길 수 있는 곳을 마련하며 고령화 문제도 해결 가능

MEMO

03

사례조사

03. 사례조사

프로그램이 정해지면, 이후 적합한 레퍼런스를 찾는다. 이때, 진행하고자 하는 프로그램과 용도가 같고 면적이 비슷한 레퍼런스를 선택해야 한다. 레퍼런스의 평면도를 확인한 후, 각 실을 나누고, 각 층에서 해당 실이 차지하는 면적을 파악해야 한다. 이 때 파악하는 내용들은 이후 평면을 구상할 때 밑 바탕이 될 것이다.

여러 레퍼런스를 조사한 후, 이를 종합하여 각 공간이 차지하는 면적을 산출하고, 각 실의 평균 면적을 파악할 수 있다. 이 면적을 총합하면 진행하고자 하는 규모의 면적이 결정된다.

단면으로 나누어 실을 분석하는 이유는 평균적으로 각 층에 배치되어 있는 프로그램과 그 동선을 파악하기 위함이다. 이는 프로그램 배치 시 중요한 참고자료가 된다.

공간의 면적을 세부적으로 나누어 각 실의 면적을 파악하고, 이를 바탕으로 다이어그램을 구성한다. 구성된 다이어그램에 평균적인 각 실의 면적을 적용하면, 각 층의 면적을 알 수 있다.

#TIP

–

03. 사례조사

#예시안_공간 및 면적 분석

Case study

공간 및 면적 분석

Mu Xin Art Museum

위치	중국, 자싱
설계	OLI Architecture PLLC
면적	6,700㎡
규모	지하 1층, 지상 2층
연도	2015년

03. 사례조사

#예시안_공간 및 면적 분석

Case study

공간 및 면적 분석

B1

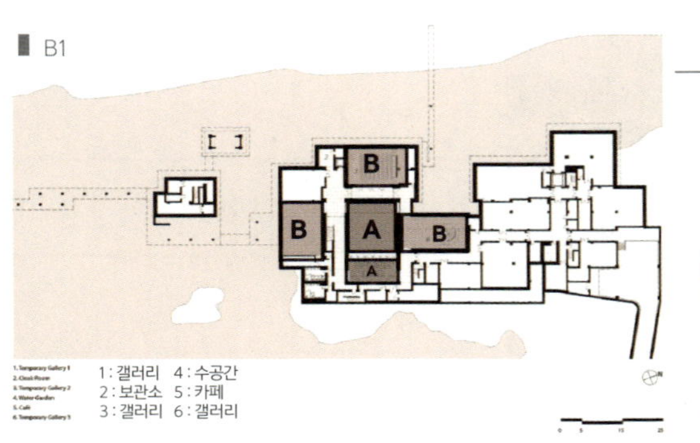

A. 공용 공간	B. 전시 공간	C. 사무 공간	D. 수장 공간
수공간 카페	갤러리		보관소

B1

공용 공간	전시 공간	사무 공간	수장 공간
447 m²	496 m²	186 m²	1,319㎡
공용 공간 편의 공간 교육 공간	전시 공간	사무 공간 기계 공간	수장 공간 보관 공간

1F

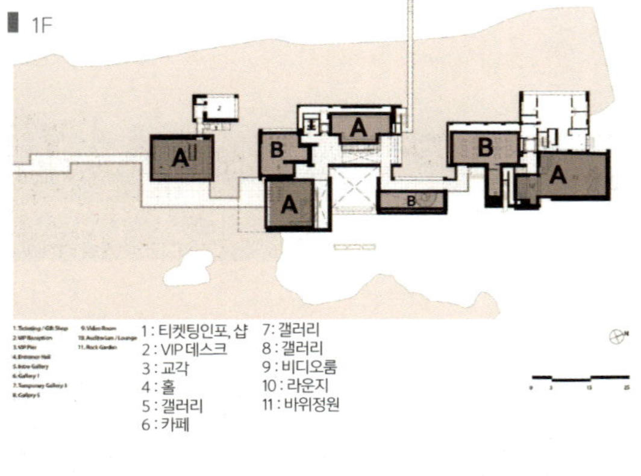

A. 공용 공간	B. 전시 공간	C. 사무 공간	D. 수장 공간
인포 샵 VIP데스크 교각 홀 카페 라운지 정원 홀	갤러리 비디오룸		

1F

공용 공간	전시 공간	사무 공간	수장 공간
2,009 m²	432 m²	0㎡	0㎡
공용 공간 편의 공간 교육 공간	전시 공간	사무 공간 기계 공간	수장 공간 보관 공간

03. 사례조사

#예시안_공간 및 면적 분석

Case study

공간 및 면적 분석

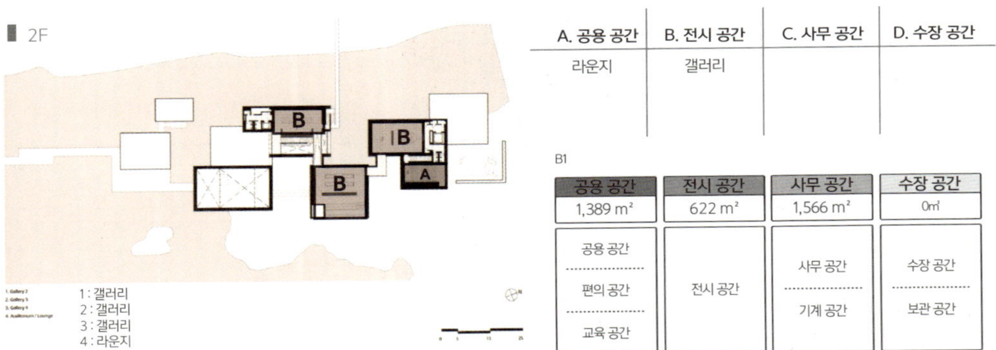

면적분석

공용 공간	전시 공간	사무 공간	수장 공간
3,845㎡(55.7%)	1,550㎡(22.5%)	186㎡(2.7%)	1,319㎡(19.1%)
공용 공간 편의 공간 교육 공간	전시 공간	사무 공간 기계 공간	수장 공간 보관 공간

03. 사례조사

#예시안_공간 및 면적 분석

Case study

공간 및 면적 분석

싼징산지질박물관

위치	중국, 항저우
설계	UAD
면적	6,425㎡
규모	지상 2층
연도	2019년

03. 사례조사

#예시안_공간 및 면적 분석

Case study

공간 및 면적 분석

1F

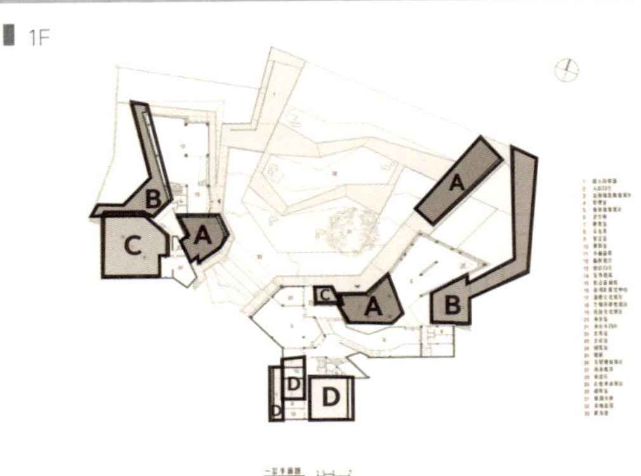

A. 공용 공간	B. 전시 공간	C. 사무 공간	D. 수장 공간
로비 샵	야외전시실 임시전시실	관리실 연구센터	복원실 감정실 복원수장고

B1

공용 공간	전시 공간	사무 공간	수장 공간
1,015.5 m²	1,136 m²	735 m²	835.1 ㎡
공용 공간 편의 공간 교육 공간	전시 공간	사무 공간 기계 공간	수장 공간 보관 공간

2F

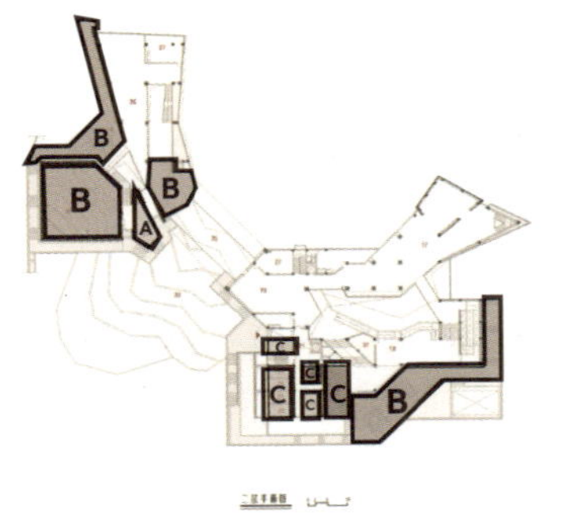

A. 공용 공간	B. 전시 공간	C. 사무 공간	D. 수장 공간
열람실 라운지	야외전시실 시청각실 전시관	사무실 회의실	

2F

공용 공간	전시 공간	사무 공간	수장 공간
804.4 m²	1,832 m²	373.7 ㎡	0 ㎡
공용 공간 편의 공간 교육 공간	전시 공간	사무 공간 기계 공간	수장 공간 보관 공간

면적분석

공용 공간	전시 공간	사무 공간	수장 공간
1,819.9㎡(27.03%)	2,968㎡(44.08%)	1,108.7㎡(16.47%)	835.1㎡(12.42%)
공용 공간 편의 공간 교육 공간	전시 공간	사무 공간 기계 공간	수장 공간 보관 공간

03. 사례조사

#예시안_공간 및 면적 분석

Case study

공간 및 면적 분석

The Bibliothèque du Boisé

위치	Montreal, QC, Canada
설계	Lemay
면적	7,162㎡
규모	지하 1층, 지상 2층
연도	2014년

03. 사례조사

#예시안_공간 및 면적 분석

Case study

공간 및 면적 분석

1F

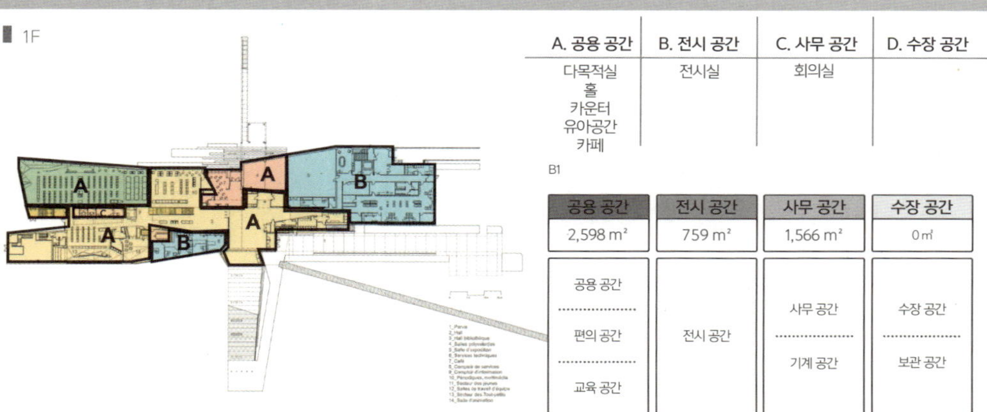

A. 공용 공간	B. 전시 공간	C. 사무 공간	D. 수장 공간
다목적실 홀 카운터 유아공간 카페	전시실	회의실	

B1

공용 공간	전시 공간	사무 공간	수장 공간
2,598 m²	759 m²	1,566 m²	0㎡
공용 공간 편의 공간 교육 공간	전시 공간	사무 공간 기계 공간	수장 공간 보관 공간

2F

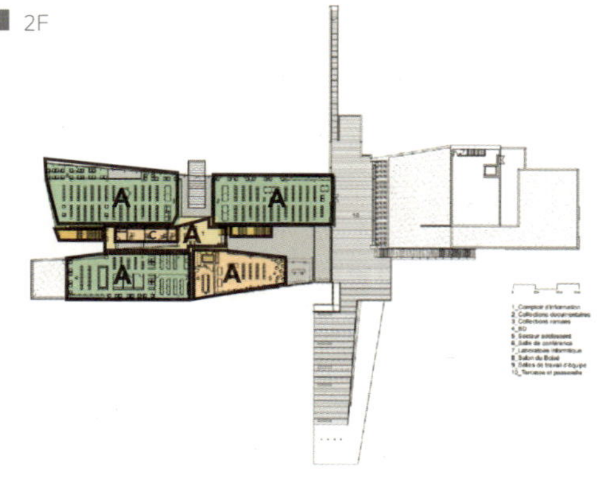

A. 공용 공간	B. 전시 공간	C. 사무 공간	D. 수장 공간
열람실 카운터 청소년공간		회의실	

1F

공용 공간	전시 공간	사무 공간	수장 공간
659 m²	1,579 m²	0㎡	0㎡
공용 공간 편의 공간 교육 공간	전시 공간	사무 공간 기계 공간	수장 공간 보관 공간

면적분석

공용 공간	전시 공간	사무 공간	수장 공간
3,257㎡(45.47%)	2,338㎡(32.64%)	1,566㎡(21.86%)	0㎡(0%)
공용 공간 편의 공간 교육 공간	전시 공간	사무 공간 기계 공간	수장 공간 보관 공간

03. 사례조사

#예시안_공간 및 면적 분석

Case study

공간 및 면적 분석

송파 책 박물관

위치	서울, 송파구
설계	김희철
면적	6,211.59㎡
규모	지하, 지상 2층
연도	2019년

03. 사례조사

#예시안_공간 및 면적 분석

Case study

공간 및 면적 분석

1F

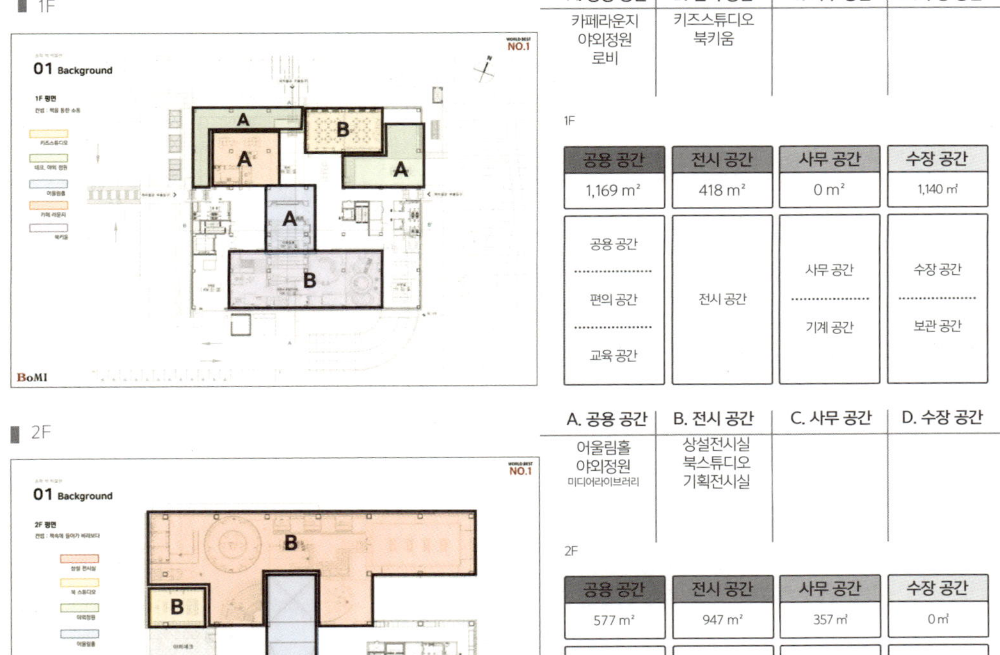

A. 공용 공간	B. 전시 공간	C. 사무 공간	D. 수장 공간
카페라운지 야외정원 로비	키즈스튜디오 북키움		

1F

공용 공간	전시 공간	사무 공간	수장 공간
1,169 m²	418 m²	0 m²	1,140 m²
공용 공간 편의 공간 교육 공간	전시 공간	사무 공간 기계 공간	수장 공간 보관 공간

2F

A. 공용 공간	B. 전시 공간	C. 사무 공간	D. 수장 공간
어울림홀 야외정원 미디어라이브러리	상설전시실 북스튜디오 기획전시실		

2F

공용 공간	전시 공간	사무 공간	수장 공간
577 m²	947 m²	357 m²	0 m²
공용 공간 편의 공간 교육 공간	전시 공간	사무 공간 기계 공간	수장 공간 보관 공간

면적분석

공용 공간	전시 공간	사무 공간	수장 공간
4,123.53m²(66.38%)	1,504.07m²(24.12%)	115.34m²(1.85%)	468.65m²(7.54%)
공용 공간 편의 공간 교육 공간	전시 공간	사무 공간 기계 공간	수장 공간 보관 공간

03. 사례조사

#예시안_공간 및 면적 분석

Case study

공간 및 면적 분석

청계천박물관

항목	내용
위치	서울, 성동구
설계	정림건축
면적	5,715㎡
규모	지하 2층, 지상 4층
연도	2003년

03. 사례조사

#예시안_공간 및 면적 분석

Case study

공간 및 면적 분석

1F

A. 공용 공간	B. 전시 공간	C. 사무 공간	D. 수장 공간
로비 코어	전시실		

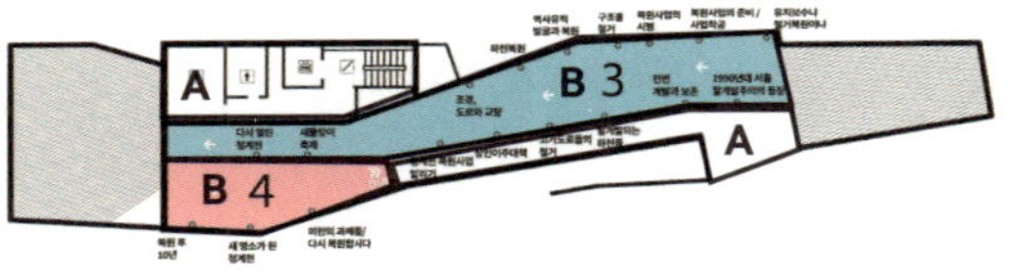

1~2F

공용 공간	전시 공간	사무 공간	수장 공간
1,169 m²	418 m²	0 m²	1,410 ㎡
공용 공간 편의 공간 교육 공간	전시 공간	사무 공간 기계 공간	수장 공간 보관 공간

2F

A. 공용 공간	B. 전시 공간	C. 사무 공간	D. 수장 공간
홀 코어	공간전시실		

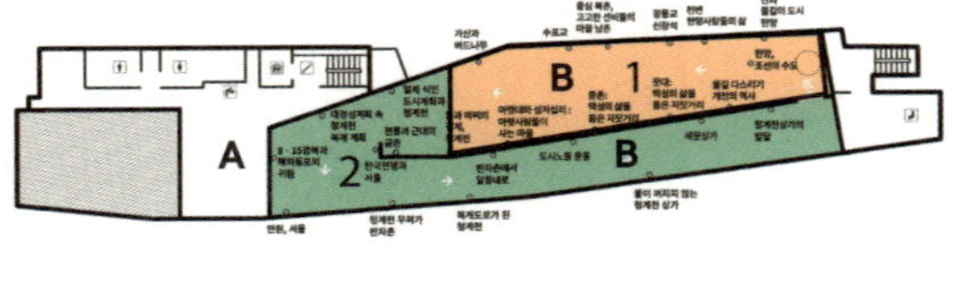

3~4F

공용 공간	전시 공간	사무 공간	수장 공간
577 m²	947 m²	357 ㎡	0 ㎡
공용 공간 편의 공간 교육 공간	전시 공간	사무 공간 기계 공간	수장 공간 보관 공간

면적분석

공용 공간	전시 공간	사무 공간	수장 공간
1,819.9㎡(27.03%)	2,968㎡(44.08%)	1,108.7㎡(16.47%)	835.1㎡(12.42%)
공용 공간 편의 공간 교육 공간	전시 공간	사무 공간 기계 공간	수장 공간 보관 공간

MEMO

컨셉 스터디

04. 컨셉 스터디

컨셉은 단순한 단어가 아닌 설계 전반적인 단계에서 핵심이 되는 것이다. 우리가 진행하고자 하는 방향, 프로그램, 타겟 등 자유롭게 컨셉을 설정할 수 있다. 이 컨셉은 주제에 대한 문제를 해결하기 위한 건축가의 주된 생각으로 나타난다.

컨셉의 종류는 아래의 5가지 정도로 분류 할 수 있다.

1. 언어 : 특정 단어 또는 언어적 개념을 통해 컨셉을 설정한다. 예를 들어, '하모니', '어울림'과 같은 단어를 컨셉으로 설정했다고 하면 해당 단어들은 건축물의 디자인과 공간 구성에 영향을 미치는 중요한 요소가 된다. 이러한 언어적 개념은 디자인의 기초를 형성하고, 사용자에게 전달하고자 하는 메시지를 명확히 한다.
2. 형태 : 형태는 건축물이 동물, 사물, 자연 요소 등에서 영감을 받아 결정된다. 이러한 접근은 특정 형태를 통해 관람객에게 인상 깊은 경험을 제공하며, 건축물의 외관이나 구조에 독특한 특성을 부여하여 표현할 수 있다.
3. 의미 : 의미는 건축물에 담긴 메시지나 상징을 통해 컨셉을 정하는 것이다. 이는 작품이 전달하고자 하는 주제나 감정을 명확히 하여, 관람객이 건축물과 상호작용할 때 깊은 이해를 돕는다. 건축물의 의미는 그 자체로도 중요한 요소가 되며, 사회적, 문화적 맥락을 반영하기도 한다.
4. 추상 : 추상은 은유적인 표현을 통해 연상을 통해 컨셉을 정하는 접근이다. 이 방식은 감정이나 아이디어를 직접적으로 표현하기보다는, 보다 간접적이고 상징적인 방법으로 전달한다. 예를 들어, 특정한 감정이나 상태를 추상적인 형태나 재료 또는 공간적으로 표현하여, 관람객이 다양한 해석을 할 수 있도록 유도한다.
5. 철학 : 철학은 작가의 개인적 철학을 컨셉에 대입하는 것이다. 이는 건축물의 디자인에 작가의 건축적 가치관이나 세계관을 반영하여, 작품에 대한 깊이와 의미를 더한다. 작가의 철학은 그들의 창작 의도를 뒷받침하고, 건축물이 지니는 독창성을 한층 더 강화한다.

#TIP

–

04. 컨셉 스터디

#예시안_컨셉 사례

Concept case study

컨셉 사례

언어적 컨셉 사례 : '파편', '상실', '연결' / Dniel Libeskind_ Jewish Berlin Museum

형태적 컨셉 사례 : 물고기 / Frank Gehry _ Guggenheim Museum

04. 컨셉 스터디

#예시안_컨셉 사례

Concept case study

컨셉 사례

의미적 컨셉 사례 : 문화적 자산과 현대 미술의 연결 / Richard Meier_ Getty Center

추상적 컨셉 사례 : 빛과 그림자의 변화에 따라 공간 / Steven Holl _ Simmons Hall

04. 컨셉 스터디

#예시안_컨셉 사례

Concept case study

컨셉 사례

철학적 컨셉 사례 : 자연에 대한 존중 / Ando Tadao _ Church on the Water (水の教会)

컨셉은 건축 디자인의 기초가 되는 중요한 요소로, 명확하고 일관되게 설정되어야 한다. 모호한 개념은 디자인 과정에서 혼란을 초래할 수 있으며, 이는 최종 결과물에 부정적인 영향을 미칠 수 있다. 따라서 구체적인 컨셉 설정이 매우 중요하다. 구체적인 컨셉은 프로젝트의 목표와 방향성을 명확히 하고, 팀원 간의 의사소통을 원활하게 한다.

또한, 설정한 컨셉은 프로젝트 진행 중 발생하는 변경 사항에 따라 유연하게 조정될 수 있어야 한다. 디자인 과정에서는 예상치 못한 상황이 발생할 수 있으며, 이러한 상황에 적절히 대응하는 것이 중요하다. 필요에 따라 컨셉을 수정하는 것은 디자인의 적응성과 발전을 위한 필수적인 과정이다. 이러한 유연성을 갖추면, 프로젝트의 방향성을 유지하면서도 변화하는 요구에 효과적으로 대응할 수 있다.

이러한 요소들을 고려하여 컨셉을 설정한다면, 작품의 의미와 가치를 한층 더 향상시킬 수 있을 것이다.

MEMO

05

매스 스터디

05. 매스 스터디

매스 스터디 단계에서는 우선적으로 대지에 적합한 매스 레퍼런스를 찾아야 한다. 예를 들어, 대상지가 산에 위치하고 있다면, 산에 위치하며 면적이 비슷한 레퍼런스들을 선정한다. 사각형 / 삼각형 / 원형 /다각형 등 단순하거나 복잡한 형태별 매스타입들을 다양하게 고려해보며 입면이 아닌 형태에 집중한다.

이후 레퍼런스를 참고하여 대지 위에 간단히 매스를 시각화해 보고, 해당 매스 아이디어를 교수님의 크리틱을 반영하여 대지와 어울리는 최적의 매스를 구상한다.

#예시안_매스 형태별 사례

Mass case study

매스 형태별 사례

05. 매스 스터디

#예시안_매스 형태별 사례

Mass case study

매스 형태별 사례

사각형 매스

송파책박물관

Muxin Art Gallery

05. 매스 스터디

#예시안_매스 형태별 사례

Mass case study

매스 형태별 사례

삼각형 매스

아주대학교 현대미술관

동화고등학교

05. 매스 스터디

#예시안_매스 형태별 사례

Mass case study

매스 형태별 사례

삼각형 매스

Musée du Louvre

원형 매스

Apple Park

05. 매스 스터디

#예시안_매스 형태별 사례

Mass case study

매스 형태별 사례

원형 매스

Aldar building Abu Dhabi

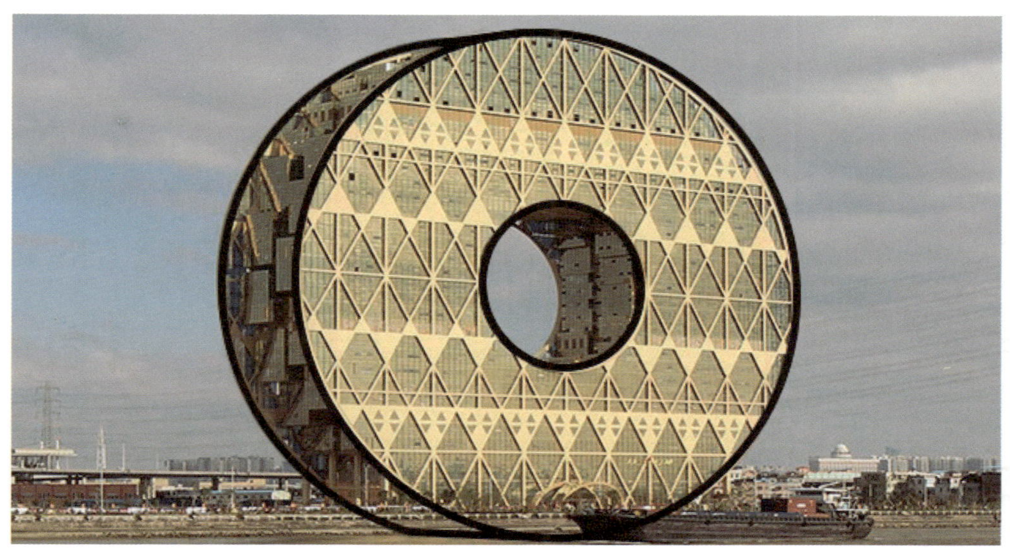

Guangzhou Circle

05. 매스 스터디

#예시안_매스 형태별 사례

Mass case study

매스 형태별 사례

그 외 매스형태

양주시립장욱미술관

The Spheres

05. 매스 스터디

#예시안_매스 형태별 사례

Mass case study

매스 형태별 사례

그 외 매스형태

Chichu Art Museum

Sanqingshan Geological Museum

05. 매스 스터디

#예시안_매스 스터디

Mass study

매스 스터디

실제 모형 매스 스터디

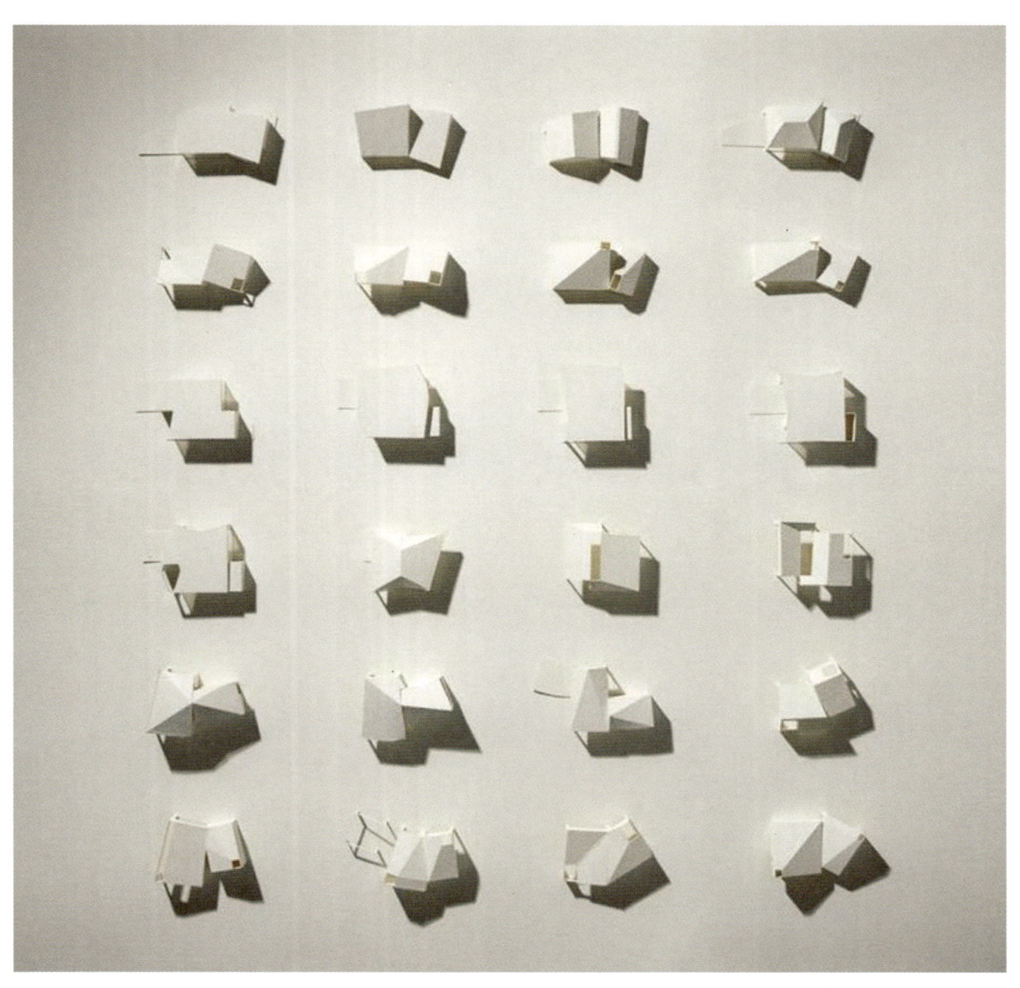

MEMO

입면 계획

06. 입면계획

매스 스터디가 완료되면 입면 디자인 탐색 단계로 넘어간다. 입면 계획은 건물의 전체적인 디자인과 기능에 큰 영향을 미치며, 건물의 첫인상을 결정짓는 중요한 요소다. 입면 디자인은 외부의 시각을 고려하여 설계되어야 하며, 여러 가지 방법으로 적용할 수 있다. 예를 들어, 입면 모형을 제작하여 매스에 적용해볼 수도 있고, 포토샵을 이용해 매스 위에 입면 디자인을 시뮬레이션할 수도 있다. 이렇게 다양한 입면 디자인이 적용된 매스를 확인하고 비교함으로써, 현재의 매스와 가장 잘 어울리는 디자인을 선택할 수 있다.

입면 계획에서 가장 우선적으로 고려해야 할 것은 개구부 계획이다. 개구부의 형태는 전체 건축물의 입면과 밀접하게 연결되어 있으며, 건물의 기능성과 미적 요소를 동시에 충족해야 한다. 따라서 적절한 크기와 위치를 신중하게 설정해야 한다.

건축물의 재료 선택도 매우 중요하다. 각 재료마다 연출되는 분위기 다르기 때문에 컨셉에 맞춰 적절히 선택해야 한다. 예를 들어, 투명한 유리는 외부와의 시각적 연결을 강화하며, 따뜻한 색상의 목재는 친근하고 자연스러운 느낌을 준다. 이러한 재료 선택은 입면 디자인의 전체적인 분위기와 조화를 이루는 데 필수적이다.

환경적 요소 또한 간과할 수 없다. 기후와 주변 환경에 따라 입면 디자인의 방향과 요소를 조정함으로써 에너지 효율성을 높일 수 있다. 예를 들어, 햇빛이 많이 들어오는 방향에는 차양을 설치하거나, 반사율이 높은 재료를 사용하여 내부 온도를 조절할 수 있다. 이러한 세심한 계획이 이루어질 때, 입면 디자인은 단순한 외관을 넘어 건물의 성능과 사용자 경험을 향상시킬 수 있다.

커튼월, 루버, 벽돌, 콘크리트 등 다양한 재료와 기법을 통해 입면 디자인을 구현할 수 있다. 이때 디자인의 완성도를 높이기 위해 디테일에 주의를 기울여야 한다. 예를 들어, 커튼월은 수직 구조물인 멀리언(mullion)과 수평 구조물인 트랜섬(transom)으로 구성되며, 이들의 간격은 시각적 균형을 유지하는 데 중요한 역할을 한다. 간격이 너무 좁거나 넓으면 커튼월의 디자인이 비대칭적으로 보일 수 있고, 이는 입면의 균형을 해칠 수 있다. 비대칭적인 디자인은 관람객에게 불안정한 인상을 줄 수 있으므로, 이러한 요소들을 적절히 조화시켜야 한다.

기능적인 부분도 반드시 고려해야 한다. 멀리언과 트랜섬의 간격이 넓으면 더 많은 자연 채광을 유도할 수 있지만, 동시에 구조적 안정성이 떨어질 수 있다. 자연 채광이 풍부한 공간은 사용자에게 편안함과 생산성을 제공하지만, 과도한 채광은 내부 온도 조절에 어려움을 초래할 수 있다. 따라서 최적의 간격을 설정하여 입면 디자인의 효과를 극대화해야 한다.

커튼월뿐만 아니라 루버, 벽돌, 콘크리트 등 다양한 재료에서 디테일을 챙기는 것이 중요하다. 각 재료별로 신경 써야 할 포인트는 다르지만, 디테일을 고려해야 한다는 점은 모두에게 동일하다.

06. 입면계획

#예시안_입면사례 및 디테일 포인트

Elevation case study

입면사례 및 디테일 포인트

커튼월 : 멀리언과 트랜섬 두께 및 간격에 따른 디자인 변화

06. 입면계획

#예시안_입면사례 및 디테일 포인트

Elevation case study

입면사례 및 디테일 포인트

루버 : 루버의 두께 및 간격, 형태에 따른 디자인 변화

06. 입면계획

#예시안_입면사례 및 디테일 포인트

Elevation case study

입면사례 및 디테일 포인트

벽돌 : 벽돌의 크기 및 배열방식에 따른 디자인 변화

06. 입면계획

#예시안_입면사례 및 디테일 포인트

Elevation case study

입면사례 및 디테일 포인트

콘크리트 : 콘크리트의 시공방법 및 거푸집 형태 그리고 후가공 방법에 따른 디자인 변화

MEMO

평면 및 단면 계획

07. 평면 및 단면 계획

평면 및 계획 단계에서는 여러 가지 요소를 종합적으로 고려해야 한다.

이 과정은 조닝, 평면 및 단면 계획, 마스터 플랜으로 나뉘어진다.

먼저 조닝은 '사례조사 및 분석'단계에서 구성한 다이어그램을 참고하여 공간 배치를 구체화하는 과정이다. 조닝 시에는 공간의 용도 / 인접성 / 내외부동선을 고려하여 진행한다.

#예시안_조닝

Zonning

조닝

AIT-1

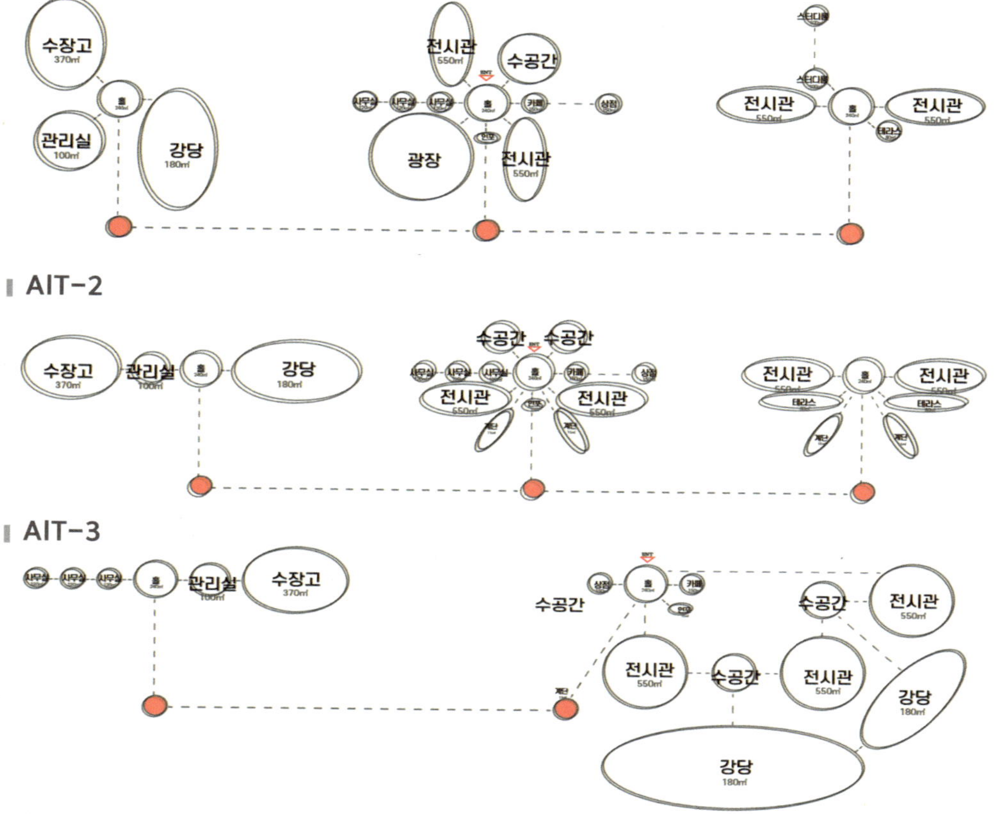

07. 평면 및 단면 계획

최종 마스터 플랜은 건축물이 대지에 어떻게 위치할지를 결정하는 단계이다. 이 과정에서는 대지조사를 통해 수집된 정보를 바탕으로 대지의 특성 / 접근성과 동선 / 자연 요소를 고려하여 진행한다.

#예시안_배치 계획

Master plan

배치 계획

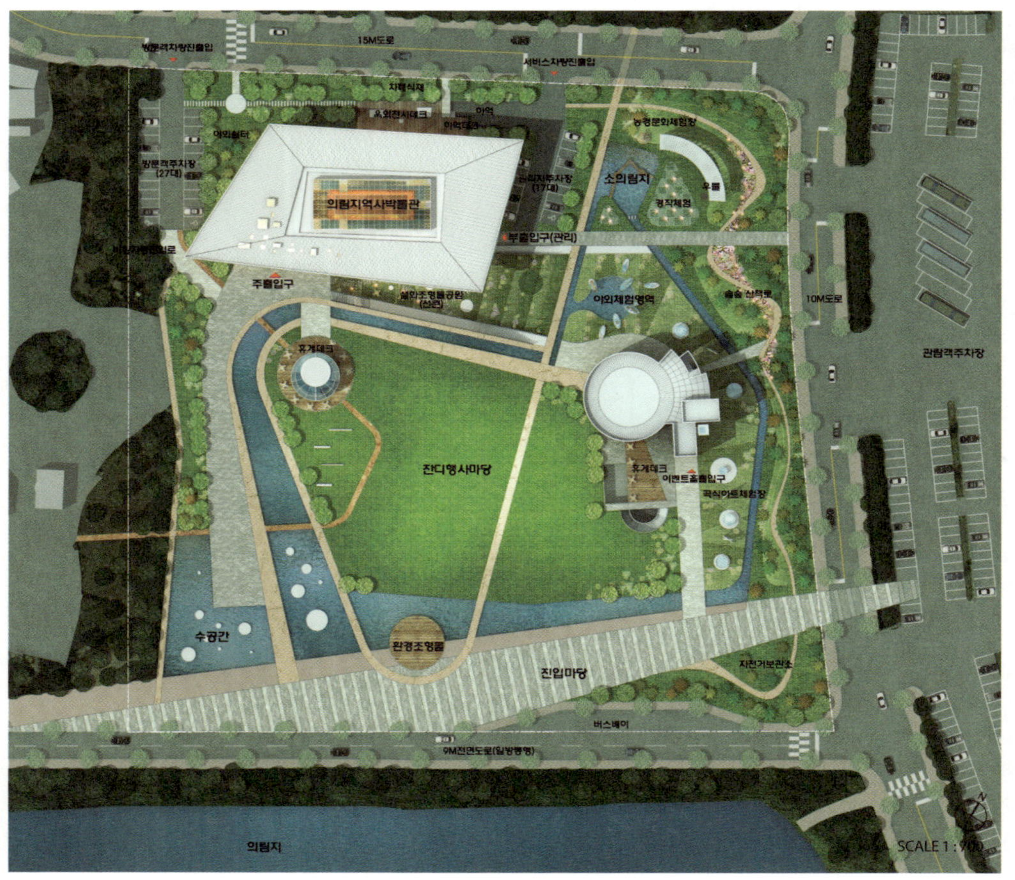

07. 평면 및 단면 계획

조닝 이후 평면 계획 시에는 각 공간의 크기와 배치를 확정하고, 사용자의 동선과 흐름을 고려하여 효율적인 공간 구성을 이루도록 한다. 또한, 공간 간의 연결성을 중요시하며, 자연 채광과 환기를 고려한 개구부 위치도 결정한다. 이 과정에서 매스의 변형이 발생할 수 있으며, 필요로 하는 공간의 면적이 커질 수도 있다. 공간의 변형과 수정이 많은 이 과정은 되도록 원 라인으로 작성하여 작업이 원활히 진행되도록 하며, 이를 가평면도라고 한다.

#예시안_평면 계획

Floor plan

평면 계획

1F

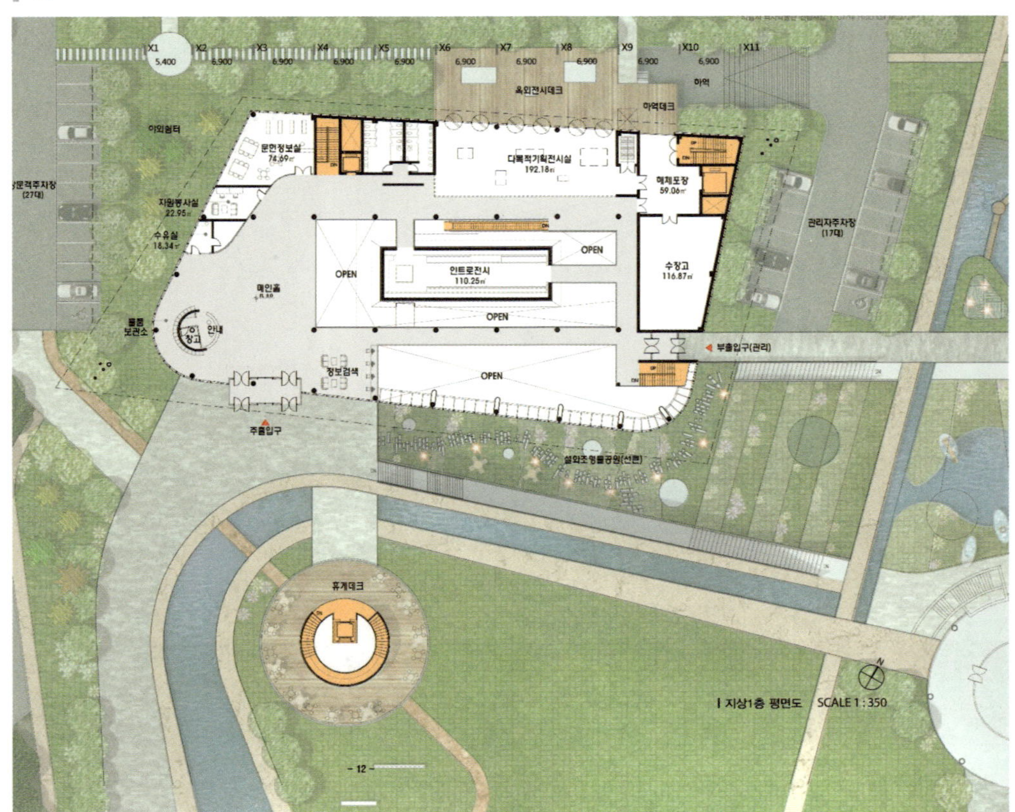

07. 평면 및 단면 계획

조닝 이후 평면 계획 시에는 각 공간의 크기와 배치를 확정하고, 사용자의 동선과 흐름을 고려하여 효율적인 공간 구성을 이루도록 한다. 또한, 공간 간의 연결성을 중요시하며, 자연 채광과 환기를 고려한 개구부 위치도 결정한다. 이 과정에서 매스의 변형이 발생할 수 있으며, 필요로 하는 공간의 면적이 커질 수도 있다. 공간의 변형과 수정이 많은 이 과정은 되도록 원 라인으로 작성하여 작업이 원활히 진행되도록 하며, 이를 가평면도라고 한다.

단면 계획 시에는 건축물의 높이, 층별 높이 그리고 내부 공간의 입체적인 구성 요소를 고려하여 설계하며, 특히 엘리베이터, 계단 등의 서비스 공간(CORE)의 위치와 배치를 신중히 고려해야 한다.

#예시안_단면 계획

Section plan

단면 계획

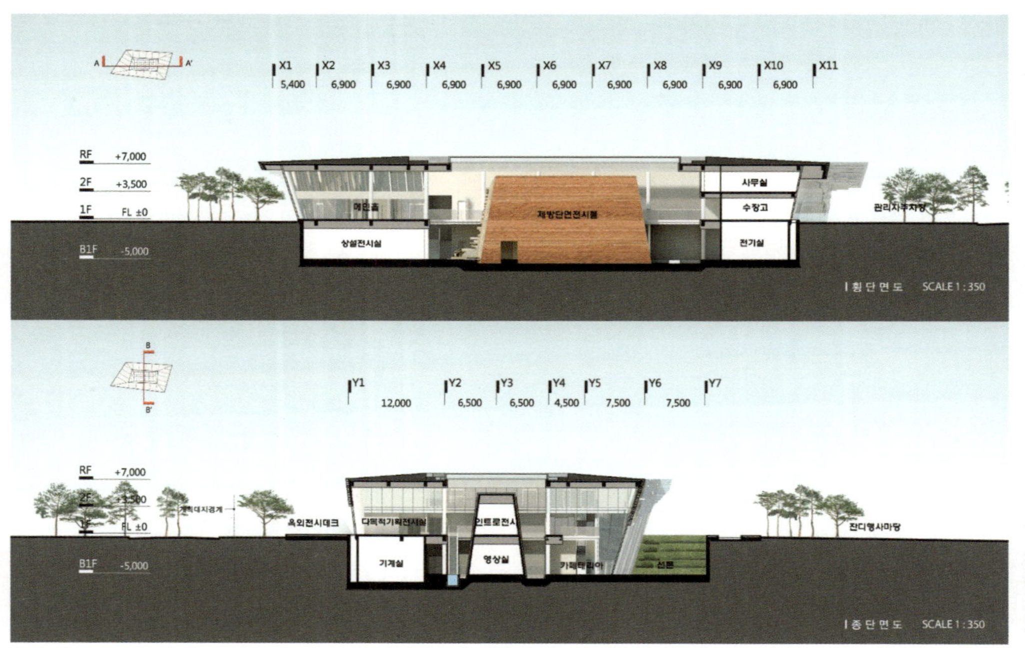

MEMO

판넬 사례조사

08. 판넬 사례조사 및 계획

평면도 작성이 완료된 후, 판넬 레퍼런스를 찾는다. 찾은 레퍼런스를 통해 판넬을 분석하고 적용할 수 있다. 판넬 분석은 구성적 표현 방식과 색상적 표현 방식으로 나누어 진행된다.

구성적 표현 방식에서는 작품을 가장 잘 나타낼 수 있는 판넬의 구성에 대해 고민하며 사례조사를 진행한다. 포괄적으로 수집한 사례들을 다시 살펴보며 그 구성들을 분석한다. 예를 들어, 상단에 조감도, 하단에 단면도, 중앙에 평면도가 위치하는지를 확인하여 판넬에 들어갈 이미지의 배치를 분석한다. 이를 통해 각 이미지가 전달하고자 하는 메시지와 조화를 이루도록 한다. 분석을 마친 레퍼런스를 바탕으로 판넬의 틀을 구성하고, 그에 맞는 위치에 준비한 렌더링 이미지나 도면들을 대입하여 작업을 마무리한다.

#예시안_구성적 표현 방식

Panel case study

구성적 표현 방식

구성적 표현

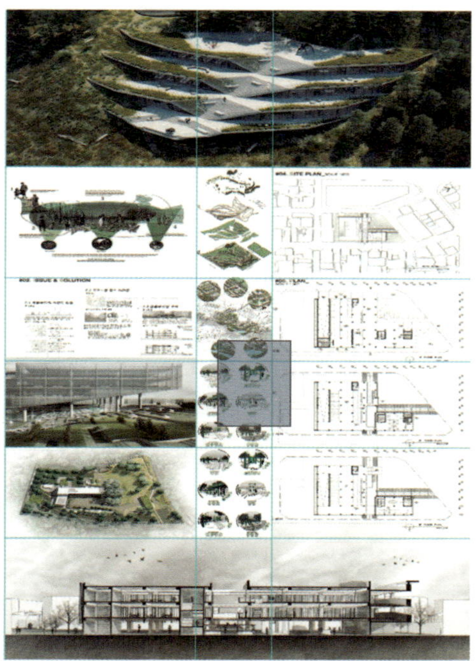

조감도		
배경	레벨계획 다이어그램	배경
컨셉	배치계획 다이어그램	컨셉
렌더링 이미지	공간계획 다이어그램	이미지1
배치도	공간계획 다이어그램	이미지2
단면계획		

08. 판넬 사례조사 및 계획

#예시안_판넬 계획

Panel plan

판넬 계획

구성적 표현

조감도

배경 | 배경 | 대지

프로그램 | 프로그램 계획

해결방안 | 프로그램 조닝 | 마스터 플랜

단면도

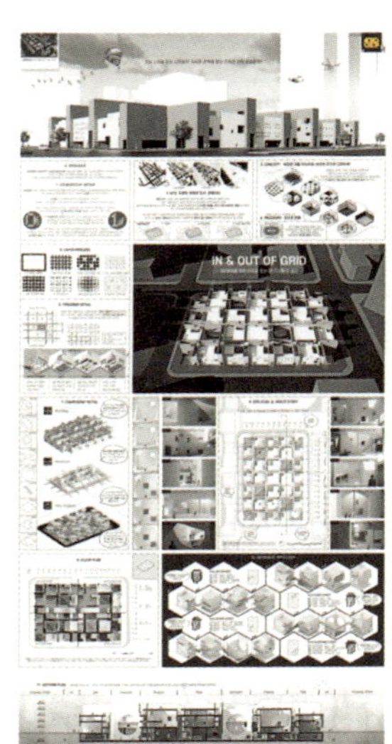

투시도

배경 | 대지 | 컨셉

프로그램 | 조감도

렌더링 이미지 | 렌더링 이미지 | 렌더링 이미지

평면도 | 아이소매트릭 다이어그램

단면도

08. 판넬 사례조사 및 계획

#예시안_판넬 계획

Panel plan

판넬 계획

구성적 표현

08. 판넬 사례조사 및 계획

색상적 표현 방식은 판넬의 분위기를 결정짓는 중요한 요소다. 색상을 어떻게 사용하는지에 따라 따뜻한 분위기를 연출할 수도 있고, 차가운 분위기를 만들 수도 있다. 색감이 중요한 이유는 관람자가 판넬을 보았을 때 받아들여지는 이미지에 영향을 주기 때문이며, 그 이미지가 관람자에게 작품의 내용을 전달할 때 중요한 역할을 하기 때문이다.

판넬에 사용되는 색상은 조화되는 색상으로 구성할 수도 있고, 대비되는 색상으로 구성할 수도 있다. 조화되는 색상들은 편안한 분위기를 형성하며 전체적인 내용을 연결하여 표현할 수 있다. 반면, 대비되는 색상들은 대비를 통해 강조할 내용을 더욱 부각시킬 수 있다. 이러한 색상 조합은 시각적 흥미를 유도하고, 관람자가 특정 요소에 주목하도록 도와준다.

#예시안_색상적 표현 방식

Panel case study

색상적 표현 방식

색상적 표현

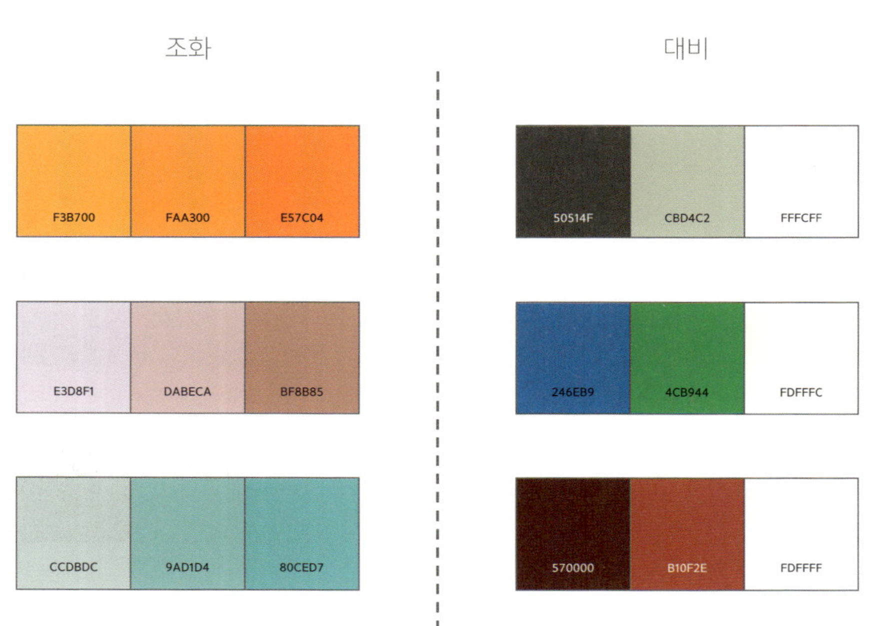

08. 판넬 사례조사 및 계획

#예시안_색상적 표현 방식

Panel case study

색상적 표현 방식

색상적 표현

따뜻함

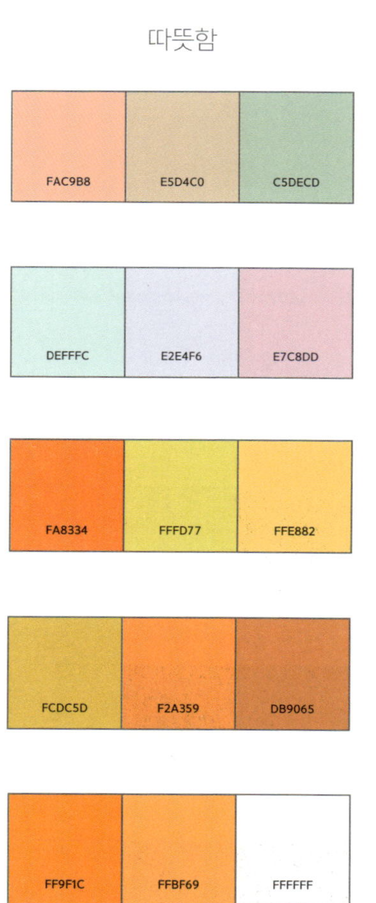

차가움

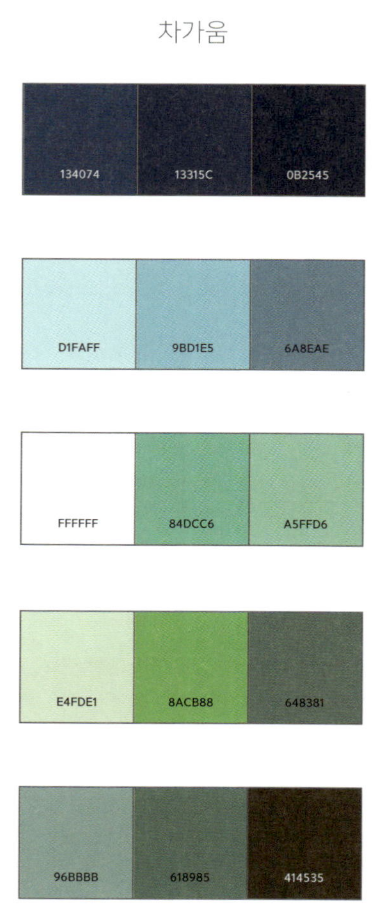

MEMO

모형 사례조사

09. 모형 사례조사 및 계획

모형은 수많은 레퍼런스를 참고하여 자신의 매스와 대지에 어울릴 만한 레퍼런스를 찾는다. 이후 해당 모형에 사용된 재료를 파악하고 준비한다.

최종 모형을 만들기 전 2, 3번 정도의 선행 모형을 만들어 보는 것이 좋다. 모형 작업은 디테일 한 부분들을 신경 써서 만들어야 작품의 퀄리티가 올라가기 때문에 선행 모형을 만들어 보며 모형계획에 오류나 개선안 등을 미리 파악하는 편이 좋다.

#예시안_모형 계획

Model plan

모형계획

사례모형 재료 확인

콘타 : 박스지
외벽 : 로얄보드
내벽 : 포맥스
유리 : 아크릴
조경 : 드라이플라워

본모형

09. 모형 사례조사 및 계획

#예시안_모형재료

Model materials

모형재료

기본재료

재료명	사용법
커터칼 & 칼날	커팅할 재료의 두께나 경도에 따라 칼의 종류를 선택하여 사용해야 한다. 자르기 힘든 재료는 힘을 주어 자를 수 있도록 두꺼운 칼을 사용하는 것이 적합하고, 쉽게 잘리는 재료는 섬세하게 작업해야 하므로 얇은 칼을 이용하는 것이 좋다. 칼날은 힘을 덜 들이고 더욱 정교하게 커팅할 수 있는 30º 칼날을 사용하는 것을 권장한다. 칼날은 쉽게 무뎌지므로, 무뎌진 칼날로 커팅을 하게 되면 재료의 절단면이 매끄럽지 않아질 수 있다. 따라서 칼날은 자주 교체해주는 것이 좋다.
자	다양한 길이의 자가 있으므로, 자르는 재료의 크기에 따라 알맞은 자를 선택하여 사용해야 한다. 변형이 일어나기 쉬운 플라스틱 자보다는 철자를 사용하는 것이 권장된다. 철자는 더 견고하고 정확한 커팅을 도와준다.
75, 77스프레이	75스프레이는 임시 접착을 위한 스프레이로, 도안을 프린트하여 커팅이 필요한 재료에 부착한 후 가이드라인처럼 사용하거나 임시 부착이 필요한 경우에 사용한다. 반면 77스프레이는 강력 접착을 위한 스프레이로, 넓은 재료를 붙일 때 적합하다.
우드락 본드 & 주사기	우드락 본드는 우드락을 포함한 대부분의 재료를 붙일 때 사용한다. 접착면에 자국이 남는 경우가 많으므로, 주사기에 넣어 섬세하게 조절하며 사용하면 접착 작업이 보다 정교하게 이루어질 수 있다.
순간 접착제	순간 접착제는 우드락 본드보다 접착력이 강하고 빠르게 굳는 특성을 가지고 있어, 우드락 본드로는 잘 부착되지 않는 재료에 사용된다. 그러나 빠르게 굳기 때문에 부착 후 수정이 거의 불가능하다는 점을 유의해야 한다. 따라서 신중하게 사용해야 하며, 정확한 위치에 부착하는 것이 중요하다.
마스킹 테이프	마스킹 테이프는 대지 경계 및 도로 경계를 표현하는 데 사용하거나, 모형 제작 시 재료를 임시적으로 부착해 둘 때 활용된다. 이처럼 활용도가 높으며, 두께와 색상도 다양하므로 필요에 따라 적절한 제품을 선택하여 사용하면 된다.

09. 모형 사례조사 및 계획

#예시안_모형재료

Model materials

모형재료

모형재료 : 벽체 및 콘타

재료명	사용법
우드락	우드락은 다른 재료에 비해 가공이 쉽고 저렴하여 스터디 모형이나 콘타 제작에 주로 사용된다.
폼보드	폼보드는 우드락에 코팅지가 붙어 있는 재료로, 우드락보다 더욱 단단한 느낌을 준다. 단면 부분이 보이게 되면 모형의 일체감이 떨어지므로, 'V커팅'을 통해 단면을 가리는 것이 중요하다. 또한, 백색의 코팅지가 주는 깨끗한 분위기 덕분에 주로 깔끔한 모형을 제작할 때 사용하는 재료로 인기가 있다.
로얄보드	로얄보드는 우드락보다 더욱 단단한 재료로, 일반 커터칼로는 커팅이 힘들기 때문에 레이저 커팅기를 이용하여 재단한다. 매끄러운 종이의 질감을 가지고 있어, 우드락과는 다른 따뜻하고 고급스러운 분위기를 연출할 수 있다.
라이싱지	라이싱지는 로얄보드와 비슷한 분위기를 연출할 수 있는 재료지만, 매끄러움보다는 부드러움에 가까운 질감을 가지고 있다. 습도나 환경에 따른 재료 변형이 로얄보드보다 덜하지만, 다른 재료에 비해 비용이 높은 편이다.
MDF	MDF는 일반적으로 사용하는 모형 재료 중 가장 단단한 편이다. 보통 흰색상의 재료로 건축물 모형을 만들 때 어두운 갈색의 MDF를 이용하여 콘타를 제작해 대비를 줄 수 있다. 또한, 무게감 있는 콘타를 만들 때에도 사용된다.
아이소 핑크	아이소 핑크는 주로 매스 스터디를 할 때 사용하는 재료로, 두께에 비해 재단이 수월하여 매스의 덩어리감을 확인할 때 사용한다. 열선 커터기를 이용해 재단하며 온도와 속도를 조절해보며 자신에게 맞는 설정을 찾아 작업하면 모형의 퀄리티를 높일 수 있다.

09. 모형 사례조사 및 계획

#예시안_모형재료

Model materials

모형재료

모형재료 : 유리

재료명	사용법
PVC	PVC 필름은 유리 표현 재료 중 가장 저렴하고 얇은 재료로, 주로 스터디 모형이나 곡면 유리 표현에 사용된다. 이 재질은 가볍고 유연성이 있어 다양한 형태로 쉽게 다룰 수 있다.
아크릴	아크릴은 투명하고 깨끗한 표현이 가능한 재료로 유리를 표현하는 모형 재료 중 실제 유리와 가장 비슷한 표현이 가능한 재료이다. 커터칼로 커팅하기 어렵기 때문에 아크릴 전용 칼이나 레이저 커팅기를 사용하는 것이 필요하다.
경질 아크릴	경질 아크릴은 경도를 낮춘 아크릴로 경질 아크릴은 유연성과 가공 용이성 좋아 커터칼로 커팅이 가능하다. 이 재료는 곡률이 높지 않은 곡면 유리의 표현에도 적용할 수 있다.

09. 모형 사례조사 및 계획

#예시안_모형재료

Model materials

모형재료

기타재료

재료명	사용법
잿소	잿소는 흰 물감으로 물을 희석하여 사용하는 재료이다. 주로 우드락으로 만든 콘타를 더욱 아름답게 만들기 위해 붓을 이용해 바르는 방식으로 사용된다. 이러한 특성 덕분에 콘타의 마감 처리를 깔끔하게 한다.
레진	레진은 모형에서 물이나 수공간을 표현하기 위해 사용된다. 일반적으로 물을 희석하여 사용하는 방식이 일반적이며, 굳는 데 시간이 걸리기 때문에 다른 작업과 병행하여 진행하는 것이 좋다.
크래프트지	크래프트지는 코팅된 종이 재질로 세밀한 작업이 필요한 모형 제작에 적합하다. 주로 가구 모형을 만들 때 사용된다.
사람 모형	사람 모형은 모형의 스케일을 간접적으로 나타내기 위해 사용된다. 모형에 맞는 스케일의 사람 모형을 선택하고, 주로 라카 스프레이를 뿌려 눈에 잘 띄도록 만들어 사용한다.
라카 스프레이	사람 모형은 모형의 스케일을 간접적으로 나타내기 위해 사용된다. 모형에 맞는 스케일의 사람 모형을 선택하고, 주로 라카 스프레이를 뿌려 눈에 잘 띄도록 만들어 사용한다. 이러한 방식으로 사람 모형은 전체적인 모형의 비율과 현실감을 높이는 데 기여한다.
텍스처 스프레이	텍스처 스프레이는 특정한 질감을 표현할 수 있는 도구로, 밋밋한 콘타에 분위기를 더하기 위해 사용된다. 이 스프레이를 통해 다양한 질감 효과를 쉽게 추가할 수 있어, 모형에 더욱 생동감을 줄 수 있다.

10

마감

10. 마감

마감 작업은 프로젝트의 마지막 단계로, 매우 중요한 과정을 포함한다. 마감주, 즉 마감일로부터 일주일 정도의 기간 동안은 선택과 집중이 필요하다. 프로젝트를 주어진 기간 안에 마무리 짓는 것은 건축가로서 기본적인 의무이다. 마감 기한 내에 작품을 완성하기 위해서는 초기에 스케줄표를 작성하고, 해당 스케줄을 지키며 작업을 진행하는 것이 가장 바람직하다.

하지만 때때로 스케줄대로 작업이 진행되지 않거나, 마감 작업 중에 욕심이 생겨 추가 작업이 발생하는 경우가 있다. 이럴 때 우리는 선택을 해야 한다. 이 선택은 마감을 위한 선택으로, 정해진 기간 안에 작품을 완성하기 위해 포기해야 할 것들을 결정하는 과정이다.

마감이 완료되었다고 해서 프로젝트가 끝났다고 생각하기보다는, 마감 이후 자신의 작품을 돌아보는 것이 좋다. 이는 매우 중요한 과정으로, 이후 작품을 시작하는 데 큰 도움이 된다. 초기 스케줄대로 진행되었는지, 중간에 발생한 에러 사항은 없었는지, 이번 작품을 진행하며 자신에게 만족스러웠던 점과 부족했던 점은 무엇인지 등을 되돌아보는 것이 필요하다.

이러한 성찰은 다음 프로젝트에 대한 통찰을 제공하며, 건축가로서 성장과 발전의 기초가 된다. 마감 작업은 단순히 프로젝트를 완료하는 것이 아니라, 미래의 작업을 위한 준비 과정임을 잊지 말아야 한다.

참고자료

Mu Xin Art Museum

-https://www.archdaily.com/785110/mu-xin-art-museum-oli-architecture-pllc?ad_source=search&ad_medium=projects_tab

Sanqingshan Geological Museum

-https://www.archdaily.com/1012146/sanqingshan-geological-museum-uad?ad_medium=gallery

The Bibliothèque du Boisé

-https://www.archdaily.com/574698/the-bibliotheque-du-boise-lemay?ad_medium=gallery ,

-https://www.architectmagazine.com/project-gallery/bibliotheque-du-boise_o ,

-https://planktonchronicles.org/fr/exposition-dart-plancton-a-bibliotheque-boise/ville-de-montreal-arrondissement-de-saint-laurent-bibliotheque-du-boise-2/

송파 책 박물관

-https://www.ytn.co.kr/_ln/0128_201907221832447521

-https://mediahub.seoul.go.kr/archives/2006633

-https://v.daum.net/v/20190722183909103?f=p

-http://www.bomienc.com/portfolio-posts/%EC%86%A1%ED%8C%8C%EC%B1%85%EB%B0%95%EB%AC%BC%EA%B4%80/

청계천박물관

-https://m.blog.naver.com/geuma127o/221402670128

-https://mediahub.seoul.go.kr/archives/919167

-https://www.lafent.co.kr/Lafe/inews/news/news_view?news_seq=25723

-https://blog.naver.com/jksoony/222059868205

-https://triple.guide/attractions/eef365c7-d353-47dc-8d6a-69e6341f3511

-https://museum.seoul.go.kr/cgcm/information/facilityGuide.jsp

언어적 컨셉 사례

-https://tse2.mm.bing.net/th?id=OIP.cbJeqEQmfh2UIZPB_otvLAHaE9&

pid=Api&P=0&h=220

형태적 컨셉 사례

-https://brettdhlee.tistory.com/entry/Architect-%EA%B1%B4%EC%B6%95-%ED%94%84%EB%9E%AD%ED%81%AC-%EA%B2%8C%EB%A6%AC-Frank-Gehry-2-%EB%B9%8C%EB%B0%94%EC%98%A4-%ED%9A%A8%EA%B3%BC-%EC%98%A8%ED%83%80%EB%A6%AC%EC%98%A4-%EB%AF%B8%EC%88%A0%EA%B4%80-1990-2009

의미적 컨셉 사례

-https://www.cntraveler.com/activities/los-angeles/the-getty-center

추상적 사례 컨셉

-https://www.google.com/url?sa=i&url=

https%3A%2F%2Fwww.stevenholl.com%2Fproject%2Fmit-simmons-hall%2F&psig=AOvVaw1xoY3pRht2_42zAXpZbcxU&ust=1722487679223000&source=images&cd=vfe&opi=89978449&ved=0CBEQjRxqFwoTCJipleS80IcDFQAAAAAdAAAAABAE

철학적 컨셉 사례

-Church on the Water (水の教会) (architecture-history.org)

참고자료

Amorepacifi Building
-https://www.nextdaily.co.kr/news/articleView.html?idxno=82255
송파 책 박물관
-https://n.news.naver.com/mnews/article/052/0001321902
Mu Xin Art Museum
-https://www.archdaily.com/785110/mu-xin-art-museum-oli-architecture-pllc
아주대학교 현대미술관
-https://www.youtube.com/watch?app=desktop&v=AqUzmUkqqUs
동화고등학교
-https://blog.naver.com/designpress2016/221308104464
Musée du Louvre
-https://blog.naver.com/kangsh5707/221130025296
Apple Park
-https://m.post.naver.com/viewer/postView.naver?volumeNo=
31903118&memberNo=11193038&vType=VERTICAL
Aldar building Abu Dhabi
-https://www.shutterstock.com/ko/search/aldar-headquarters-building
Guangzhou Circle
-https://blog.naver.com/hanwha_enc/221481892135
양주시립장욱진미술관
-https://blog.naver.com/smilesenior84/222400297272
The spheres
-https://www.hmap.co.kr/post/view.php?no=172
Chichu Art Museum
-https://blog.naver.com/healthcared/223402227793
Sanqingshan Geological Museum
https://www.archdaily.com/1012146/sanqingshan-geological-museum-uad?ad_medium=gallery
매스 스터디 사례
https://i.pinimg.com/originals/8b/d2/41/8bd24120025102c4a013ac73aae663fc.jpg

참고자료

커튼월-https://kr.pinterest.com/pin/13159023897452094/

커튼월-https://www.archdaily.com/239524/tianjin-art-museum-ksp-jurgen-engel-architekten?ad_medium=gallery

커튼월-https://kr.pinterest.com/pin/618541948704962351/

커튼월-https://kr.pinterest.com/pin/138627113461232141/

커튼월-https://footwearnews.com/business/retail/nordstrom-resale-see-you-tomorrow-store-1202912441/

루버- https://divisare.com/projects/334876-aires-mateus-juan-rodriguez-edp-headquarters?utm_campaign=journal&utm_content=image-project-id-334876&utm_medium=email&utm_source=journal-id-136

루버- https://kr.pinterest.com/pin/339107046953335526/

루버- https://www.archdaily.com/785791/edp-headquarters-aires-mateus?ad_medium=gallery

루버-https://www.ktrend.jp/product/maker_85/pi_78/

루버- https://www.archdaily.com/782555/erasmus-university-rotterdam-paul-de-ruiter-architects?ad_medium=gallery

벽돌- https://kr.pinterest.com/pin/19703317112629313/

벽돌- https://kr.pinterest.com/pin/72339137754050935/

벽돌- https://kr.pinterest.com/pin/3940718417846197/

벽돌- https://kr.pinterest.com/pin/13018286418556953/

벽돌- https://vandergoes.net/projecten/de-schicht/

콘크리트- https://kr.pinterest.com/pin/388435536624128119/

콘크리트- https://www.archdaily.com/959725/antoine-de-ruffi-school-tautem-architecture-plus-bmc2-architectes?ad_medium=gallery

콘크리트- https://kr.pinterest.com/pin/893689925634599l/

콘크리트- https://hicarquitectura.com/2018/11/kaan-institut-des-sciences-moleculaires-dorsay/#gallery-22

콘크리트- https://www.designboom.com/architecture/barbarito-bancel-architects-dior-miami-facade-04-25-2016/

MUSEUM DESIGN PLAN

ISBN 979-11-6441-156-6

발행 플러긴

주소 경기도 파주시 산남로 132길 49-22

전화 031-907-1772

저자 이승용

가격 18,000원